Bibliographic information published by the German National Library:

The German National Library lists this publication in the National Bibliography; detailed bibliographic data are available on the Internet at http://dnb.dnb.de .

Imprint:

Copyright © 2015 GRIN Verlag, Open Publishing GmbH
Print and binding: Books on Demand GmbH, Norderstedt Germany
ISBN: 978-3-656-89885-6

This book at GRIN:

http://www.grin.com/sk/e-book/292713/informacne-systemy-v-riadiacom-procese-leteckej-navigacie

Jozef Kozar

Informačné systémy v riadiacom procese leteckej navigácie

GRIN Publishing

INFORMAČNÉ SYSTÉMY
V PROCESE LETECKEJ NAVIGÁCIE

2014

Ing. Jozef KOZÁR

Abstrakt

Cieľom tohto referátu je pojednanie o aplikácii a využití informačných systémov v riadení letovej prevádzky. Autor sa v prvej časti práce zameriava na objasnenie problematiky informácií a informačných systémov vo všeobecnej rovine a v druhej časti práce popisuje problematiku informačných systémov v riadení letovej prevádzky, zameriava sa na ich nevyhnutnosť a potrebu v súčasnej leteckej doprave.

Abstract

The aim of this paper is to discourse on the application of information systems in air traffic control. Author in the first part of the paper aims to generally clarify the problems of the information and information systems and in the second part of the paper he describes the problematics of information systems in air traffic control, points on their necessity and their need in current air traffic.

Obsah

Zoznam ilustrácií

Zoznam skratiek a značiek

EUROCONTROL - European Air Traffic Control Organisation

ICAO - International Civil Aviation Organisation

IATA - International Air Transport Association

IFPS - systém pre spracovanie letových plánov

STRAT - systém strategických činností,

ENV - systém prostredia ATS

ARC - archivačný systém

TACT/CASA - systém taktických činností / počítačové prideľovanie slotov

RLP - Subsystém RLP (Repetitive Flight Plan System)

IFPUV - Subsystém validácie IFPS (IFPS Validation System)

PREDICT - Subsystém predtaktickej fázy (Pre-Tactical System)

CFMU – jednotka ústredného riadenia leteckej dopravy

LPS - Letové prevádzkové služby SR

METRAD - zobrazenie dát meteorologického radaru

OPMET - správy o poveternostnej situácii

NOTAM - letecké správy

BYPASS - samostatný nezávislý záložný systém zobrazovaním dát prehľadového

       rádiolokátora

DTC - technická vývojová platforma

OLDI - automatická výmena koordinačných správ

DPP - spracovanie a prezentácia prehľadových dát

RADNET - európska sieť určenú výhradne pre distribúciu a zdielanie rádiolokačných dát

RMCDE - prostriedky pre konverziu formátu rádiolokačných dát

RCSM - systémy diaľkového ovládania a monitorovania

SMR - primárne rádiolokátory

TAR - okrskové rádiolokátory

SSR - sekundárne rádiolokátory

MSSR Smode - S-mode monoimpulzné rádiolokátory

MLAT - multilateračné systémy

ADS_B - zber polohových informácií z paluby lietadla

VCCS – Voice Communication and Control System – hlasový komunikačný a kontrolný
systém

ATIS – Automatic Terminal Information Service – automatická terminálová informačná
služba

AFTN – Aeronautical Fixed Telecommunication Network – letecká pevná
telekomunikačná sieť

CIDIN – Common ICAO Data Interchange Network – vzájomná dátová výmenná sieť
ICAO

NOTAM – Notice To Airmen – informácie pre letcov (osádky lietadiel a riadiacich letovej
prevádzky)

ATM – z angl. Air Traffic Management – riadenie letovej prevádzky

Úvod

Informácie patria v dnešnom svete medzi najdôležitejšiu komoditu, resp. prvok v každom odbore a oblasti ľudskej činnosti. V niektorých oblastiach majú informácie naozaj len informatívnu hodnotu, avšak existujú odvetvia, kde je presnosť a dostupnosť informácií kritická. Medzi tieto oblasti ľudskej činnosti patrí aj lietanie, resp. letecká doprava. Prudký rozvoj leteckej dopravy najmä v druhej polovici 20. storočia mal za následok zvýšenú potrebu usporiadania tokov letovej prevádzky, usmernenie riadenia letovej prevádzky a spracovávania čoraz väčšieho množstva informácií. V riadení letovej prevádzky postupne začalo dochádzať k využívaniu výpočtovej techniky, ktorá dokáže pohotovo tieto informácie nielen spracovávať a archivovať, ale aj poskytovať všetkým užívateľom – riadiacim letovej prevádzky a ostatnému personálu v leteckej doprave.

1. Informácie

Informácia zahrňuje v sebe správu spolu s jej významom pre príjemcu. Je to správa, ktorá vyjadruje istý stav, slúži nejakému cieľu alebo vyvoláva nejakú akciu. Správa sa stáva informáciou buď v dôsledku ľudskej interpretácie alebo tým, že ju spracujú algoritmy, alebo jej uložením v súboroch. Podľa Shannonovej teórie informácií [1] je informácia mierou stredného informačného obsahu, prenositeľného daným kódovaním. Na rozdiel od údajov respektíve dát, ktoré predstavujú len určitú hodnotu v podobe čísla, alebo označenia, je informácia správou, ktorá má komplexnú výpovednú hodnotu. Popisuje stav určitého deja alebo veci a na jej základe je možné vyvodiť ďalší postup, zistiť aktuálny stav, alebo predošlý stav. Informácia je zvyčajne uložená na nosiči informácií, ktorý môže mať klasickú formu – papier, prípadne je uložená v elektronickej forme – páska, video záznam, audio záznam, dátový záznam – v takomto prípade už hovoríme o elektronickej informácii. Elektronické informácie sú ukladané v podobe súborov v úložiskách informácií, v databázach. Vnútorná štruktúra väčšiny databáz je tvorená natabuľkovom princípe, čo znamená, že vzťahy medzi jednotlivými informáciami (súbormi), sú navzájom poprepájané vtedy, pokial medzi nimi existuje určitá súvislosť alebo podobnosť. Pokiaľ je databáza indexovaná, je možné v nej jednotlivé súbory účinne vyhľadávať a zotrieďovať. Databázy sú zvyčajne uložené na diskových poliach databázových serverov, prípadne v rozsiahlejších datacentrách.

Informácie majú svoje nezastupiteľné miesto v každej oblasti ľudskej činnosti. Ich význam a dôraz na ich presnosť a okamžitú dostupnosť je však v každej sfére rozdielny. Pri niektorých činnostiach a v určitých kritických procesoch môže mať nedostatok alebo oneskorený prísun potrebných informácií veľmi negatívny dopad na ich výsledok. Medzi takéto činnosti bezpochyby patrí aj lietanie, resp. letecká činnosť. Vysoká kvalita a okamžitá dostupnosť potrebných informácií v tejto oblasti ľudskej činnosti je nevyhnutná.

---

[1] Teóriu informácie založil C. E. Shannon v roku 1948 ako teóriu zaoberajúcu sa problémami uchovávania a prenosom informácií. Zaoberá sa prenosom informácií z technického hľadiska, pomocou elektrotechniky a matematiky. Z tejto teórie vznikli pojmy ako informačná entropia a kapacita kanála.

2. Spracovanie informácií

Operácie, ktorými sa v informačnom systéme informácie triedia a upravujú tak, aby boli vhodné na znázornenie pre prijímateľa, alebo nariadenie určitého procesu, nazývame spracovávaním informácií. Spracovanie informácií pritom nemusí byť chápané vyslovene ako spracovávanie určitých dokumentov. V súčasnosti sú informácie spracovávané rôznymi technologickými postupmi, pričom najrozšírenejšie spracovanie informácií je počítačové spracovávanie. Technológie a postupy v takomto procese nazývame informačnými technológiami. Tieto majú v takmer každej oblasti ľudskej činnosti svoje nezastupiteľné miesto a ich význam naďalej narastá. Informačné technológie môžme preto nazvať aj uceleným komplexom, alebo celkom, ktorý umožňuje informácie nielen zbierať, ale aj ukladať, porovnávať, vyhodnocovať a archivovať na neskoršie použitie v budúcnosti. Veľmi dobrým príkladom použitia takýchto systémov je nielen riadenie mnohých technologických procesov, manažment, alebo riadenie činnosti leteckej dopravy ako takej, ale aj napríklad samotné riadenie letovej prevádzky. Informačné systémy v dnešnej dobe neraz pracujú aj na princípe využitia neurónových sietí, čím vytvárajú inteligentné technológie. Tieto sa vyznačujú najmä ich samostatnosťou a tým, že sa dokážu zbieraním dát počas určitého potrebného obdobia učiť. Podľa naučených dát a naučených činností dokážu napríklad vyhodnocovať rôzne situácie a poskytovať nápovedu, alebo predikované riešenie ešte predtým, ako k danej situácii dôjde. Príkladom môže byť veľmi známa predpoveď počasia, prípadne automatizované systémy riadenia dopravy. V prípade inteligentných technológií pritom platí, že čím dlhšie daný systém pracuje a zbiera dáta, tým je jeho činnosť presnejšia.

Informácie v riadiacom procese, prípadne v činnosti leteckej dopravy a všetkých jej sub-systémov, sú zbierané a ukladané do informačných databáz. V súčasnej dobe existuje široká škála rôznych databázových systémov. Tieto sa odlišujú nielen kapacitou, ale aj možnosťou okamžitého prístupu k jednotlivým potrebným dátam alebo informáciám a taktiež možnosťami ich interakcie s inými databázami. Nevyhnutným prvkom v takýchto procesoch je samozrejme pravidelný systém automatických záloh. Systémy zálohovania je v kritických systémoch potrebné navrhnúť tak, aby bola zabezpečená:

- dostupnosť informácií
- bezpečnosť informácií[2]
- diverzifikácia rizika v prípade extrémnych situácií[3]
- okamžité aktualizácie v celom zálohovacom procese (tzv. mirroring[4])

V súčasnosti sú najrozšírenejšími databázovými systémami využívanými na ukladanie a zálohovanie informácií a dát, tzv. SQL databázy. Tieto umožňujú veľmi efektívnu prácu s obrovským množstvom informácií, umožňujú vzdialený prístup k informáciám a k dátam. Sú pritom súčasťou celého informačného systému pôsobiaceho v danej oblasti ľudskej činnosti. Ich využitie je pritom možné viacerými užívateľmi v rovnakom čase. Tieto databázy umožňujú ukladanie akýchkoľvek formátov informácií a dát.

Pri spracovaní informácií je potrebné spomenúť aj ich prenos. Prenos informácií prebieha prostredníctvom počítačových sietí a to s využitím sieťových protokolov. Tento dátový prenos pritom prebieha na rôznych vrtvách siete – pri sieťovom protokole TCP/IP je to v súčasnosti s využitím dvoch druhov IP adries a to pomocou klasickej IPv4 alebo pomocou IPv6. Využitie týchto princípov je veľmi dôležité, najmä kvôli zabezpečeniu presnej informácie v stanovenom čase – príkladom v letectve je napríklad jednotné a aktuálne grafické zobrazenie spracovanej radarovej informácie na obrazovkách rôznych riadiacich stanovíšť či už v rámci jedného letiska, oblasti, prípadne širšieho regiónu riadiaceho daný vzdušný priestor.

---

[2] Zakrytptovanie informácií v databázach
[3] Rizikom môže byť technická porucha, ľudský faktor, bezpečnostná hrozba (napr. teroristický útok), prípadne iné nepredvídateľné udalosti, ktorých náhodný výskyt môže mať zásadný vplyv na funkčnosť systému a na jeho samotné využívanie v riadiacom procese
[4] Mirroring – termín využívaný v informačných technológiách. Je to takzvané zrkadlenie jednotlivých systémov. Napríklad databázový server A je zrkadlený s iným serverom B a prípadne C. Po nahratí informácií na úložisko servera A sa tieto informácie okamžite zrkadlia na zálohové servery B a C. Taktiež pri modifikácií určitých druhov informácií na serveri A, dôjde k ich rovnakej modifikácii na serveroch B a C.

3. Informačné systémy

Jednotlivé komponenty systémov pracujúcich s informáciami sa nazývajú informačné systémy. Každý informačný systém má svoje určenie a na základe toho sa môže odlišovať od iných systémov. Nakoľko má každý systém svoje špecifiká úzko vyplývajúce z určenia daného systému, môžu byť napríklad kritériá kladené na jeden systém úplne iné ako na iný informačný systém. Pokiaľ daný informačný systém pracuje s kritickými informáciami a je nevyhnutná jeho maximána spoľahlivosť a bezpečnosť, potom takýto systém potrebuje samostatné zabezpečenie v podobe rôznych systémových záloh. Pri súčinnosti rôznych systémov, resp. pri pokrytí väčšej oblasti (regiónu, prípadne globálne) jedným druhom špecifikého systému, je nutné zabezpečiť:

- kompatibilitu
- interoperabilitu
- zálohovanie dát v prípade výpadku časti systému
- spoľahlivosť
- priepustnosť jednotlivých komponentov systému
- možnosť aktualizácií
- dostupnosť dát a informácií v reálnom čase z ktorýchkoľvek miest systému

Nevyhnutnosť budovania a využívania komplexných informačných systémov narastá v súčasnej dobe najmä v súvislosti s budovaním globálnych sietí služieb a dopravy. Výmena informácií a ich okamžitá dostupnosť je už v takmer každej sfére ľudskej činnosti nevyhnutná.

4. Informačné systémy v riadení letovej prevádzky

V dnešnej dobe sa nestačí zamerať len na spoľahlivosť leteckej techniky. Nevyhnutné je tiež zaistiť včasné, presné a zrozumiteľné informácie, ktoré musia byť dostupné na všetkých potrebných miestach leteckej prepravy. To všetko je zabezpečované systémami informačných technológií leteckých dopravcov, letísk a podnikov riadenia leteckej prevádzky. Tie musia byť schopné navzájom spoľahlivo komunikovať a spolupracovať globálne v reálnom čase (on-line). Vzhľadom na veľké množstvo letísk, prepravcov, letov, cestujúcich a hlavne veľkým množstvom výrobcov informačných technológií je nevyhnutný vysoký stupeň štandardizácie. Základné princípy boli vytvorené predovšetkým v rámci organizácií IATA a ICAO.

Využitie informačných technológií je predovšetkým v podnikoch riadenia letovej prevádzky veľmi vysoké a v praxi si dnes ich činnosť ani nie je možné predstaviť. Vzhľadom k nutnosti priebežnej komunikácie medzi systémami riadenia letovej prevádzky je napríklad v krajinách Európy venovaná veľká pozornosť zabezpečeniu ich kompatibility a to bez ohľadu na ich výrobcu alebo krajinu použitia. V legislatíve EÚ pre jednotné európske nebo (Single European Sky) je kladený veľký dôraz na interoperabilitu. (Prúša a kol, 2008 s. 260)

V procese riadenia letovej prevádzky dochádza k súčasnému využívaniu rôznych druhov informácií, ktoré na konci riadiaceho procesu poskytujú finálnu informáciu riadiacemu letovej prevádzky tak, aby sa tento mohol bezpečne rozhodnúť a následne poskytnúť potrebné pokyny a odporúčania osádkam lietadiel v riadenom vzdušnom priestore. V rámci ATM[5] je možné jednotlivé informačné systémy popísať v rámci jednotlivých domén:

- doména komunikácie
- doména navigácie
- prehľadová doména – surveillance
- doména bezpečnosti ATM systémov

---

[5] ATM – z angl. Air Traffic Management – riadenie letovej prevádzky

4.1 Doména komunikácie

Základnou úlohou komunikačných systémov je zabezpečenie spoľahlivej komunikácie nielen medzi riadiacimi letovej prevádzky, posádkami lietadiel a medzi jednotlivými pracoviskami riadenia letovej prevádzky, ale taktiež zabezpečenie dátového spojenia medzi jednotlivými systémami ATM v rámci európskeho riadenia letovej prevádzky. Jednotlivé druhy prenosov používaných v komunikácii v jednotlivých procesoch riadenia letovej prevádzky môžme rozdeliť na:

- telefónne/hlasové (zem-zem)
- rádiové/hlasové (zem-lietadlo)
- dátové (medzi jednotlivými systémami)

Základ infraštruktúry pre prenos dát pritom tvorí fyzická vrstva (metalická, optická a štruktúrovaná kabeláž). Na ňu nadväzuje vrstva prenosových systémov, ktorá sa rozdeľuje na telekomunikačné digitálne siete SDH/PDH a vyššie spomenuté dátové siete TCP/IP (pozri s. 12), prípadne X.25. Tieto siete poskytujú služby zabezpečeného prenosu dát, umožňujú definovať smerovanie, využiť záložné cesty a ďalšie funkcie v závislosti na použitých protokoloch.

Jednou z komunikačných aplikácií typických pre letectvo a riadenie letovej prevádzky, je celosvetová sieť pre výmenu správ AFTN[6] a jej nadstavba CIDIN[7]. Táto sieť slúži okrem iného aj na prenos správ typu NOTAM[8], informujúcich posádky lietadiel o zmenách v prevádzkových charakteristikách rôznych častí infraštruktúry letovej prevádzky.

AFTN terminál pracuje s podporou programu Windows. Poskytuje užívateľovi terminálu možnosť prijímať a vysielať AFTN správy v súlade s ustanoveniami predpisu L 10, Letecké telekomunikácie zväzok II, Spojovacie postupy.

Softwarové vybavenie AFTN terminálu ďalej umožňuje:

---

[6] AFTN – Aeronautical Fixed Telecommunication Network – letecká pevná telekomunikačná sieť
[7] CIDIN – Common ICAO Data Interchange Network – vzájomná dátová výmenná sieť ICAO
[8] NOTAM – Notice To Airmen – informácie pre letcov (osádky lietadiel a riadiacich letovej prevádzky)

- individuálne nastavenie akustického upozornenia na prijímané správy užívateľom
- grafické označenie predností, podľa predpisu L10/II, prijímaných/vysielaných správ
- oddelenie spracovaných a nespracovaných správ
- vyhľadávanie jednotlivých správ prostredníctvom údajov zadávaných užívateľom terminálu
- možnosť znázornenia len správ vybraných užívateľom
- stanoviť časové rozpätie, v ktorom užívateľ požaduje vyhľadávanie správ
- uľahčuje vysielanie správ ATFM a správ súvisiacich s letovým plánom
- preddefinovať AFTN adresy
- automatické vyžadovanie chýbajúcich správ
- vyžadovať PIB podľa preddefinovaných požiadaviek
  (Užívateľský manuál – AFTN terminál, 2000)

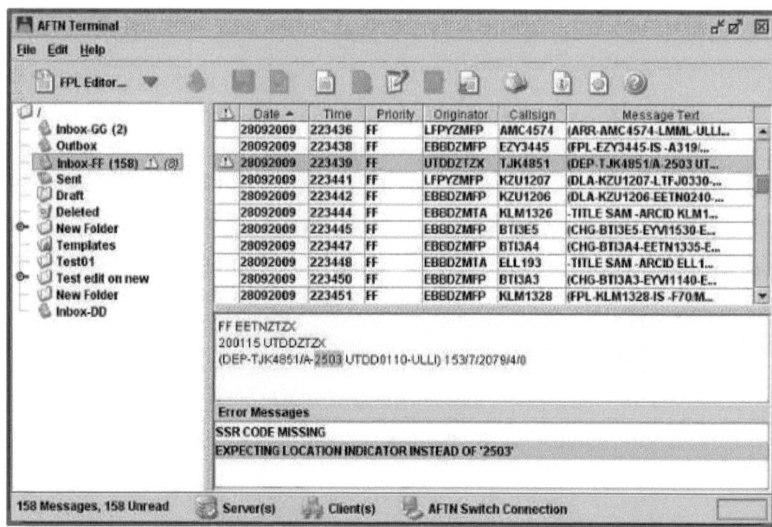

Obr. 1 – AFTN terminál, zdroj: Flight ATM Systems Ltd. United Kingdom

Hlasovú komunikáciu riadiacich letovej prevádzky zabezpečuje rádiotelefónna ústredňa (VCCS[9]). Pre komunikáciu s posádkami lietadiel sa využíva rádiové vysielanie v leteckom pásme 118 – 137 MHz, ktoré zabezpečujú vysielače a prijímače rádiokomunikačného systému umiestnené v niekoľkých rôznych lokalitách. Rádiové vysielanie taktiež využíva automatizovaná informačná služba ATIS[10], ktorá poskytuje poádkam lietadiel definované informácie o prevádzke letísk, vrátane meteorologických správ. (Prúša a kol, 2008 s. 261)

4.2 Doména navigácie

Úlohou navigačných systémov je umožniť posádkam lietadiel určovať svoju polohu za letu a bezpečne pristáť na letisku určenia. K tomuto účelu slúžia letiskové rádionavigačné zariadenia a traťové rádionavigačné zariadenia. Letiskové rádionavigačné zariadenia umožňujú pilotom navedenie lietadla pri pristávaní do osi pristávacej dráhy a následné vedenie lietadla v kurzovej a zostupovej ose dráhy. Taktiež umožňujú určovanie vzdialenosti k prahu pristávacej dráhy. Traťové rádionavigačné zariadenia umožňujú určiť polohu lietadla počas letu. Tieto zariadenia sú obvykle umiestňované na významných bodoch letových koridorov (ciest). V tejto doméne je dôležité spomenúť aj satelitné navigačné systémy a ich pozemnú infraštruktúru a satelitné telekomunikačné systémy. Satelitné technológie sú v súčasnosti jednými z najdôležitejších systémov, nakoľko umožňujú poskytovanie ako dátových tak aj komunikačných kanálov a ich vzájomné prepojenie a interoperabilitu medzi viacerými rôznymi systémami. Taktiež umožňujú okamžité spojenie medzi rôznymi bodmi, umiestnenými napríklad na dvoch opačných stranách kontinentu, alebo oceánu.

4.3 Prehľadová doména – surveillance

V tejto doméne je dôležité spomenúť systémy pre získavanie prehľadu o vzdušnej situácii rádiovými prostriedkami. Patria sem radarové systémy zahŕňajúce primárne rádiolokátory (SMR), okrskové rádiolokátory (TAR) a traťové rádiolokátory

---

[9] VCCS – Voice Communication and Control System – hlasový komunikačný a kontrolný systém
[10] ATIS – Automatic Terminal Information Service – automatická terminálová informačná služba

(ASR). Ďalej sem patria sekundárne klasické rádiolokátory (SSR), monoimpulzné rádiolokátory, S-mode monoimpulzné rádiolokátory (MSSR Smode), multilateračné systémy (MLAT) a prostriedky pre pasívny zber polohových informácií z paluby lietadla (ADS_B) – vrátane ich systémov diaľkového ovládania a monitorovania (RCSM). Zaraďujú sa sem aj prostriedky pre prenos a distribúciu radarových informácií a prostriedky pre konverziu formátu rádiolokačných dát (RMCDE). V rámci Európy je potrebné zahrnúť aj európsku sieť určenú výhradne pre distribúciu a zdielanie rádiolokačných dát – RADNET. Všetky tieto systémy obsahujú aj možnosť záznamu radarových dát a informácií a prostriedky pre priebežné vyhodnocovanie výkonnosti rádiolokátorov a kvality poskytovaných dát (SASS_S, SASS_C). (Prúša a kol, 2008 s. 261)

Jednotlivé systémy v rámci prehľadovej domény, je možné rozdeliť do nasledujúcich skupín:

- spracovanie a prezentácia prehľadových dát (DPP)
- spracovanie dát letového plánu (FDP)
- informačné systémy (INFO)
- simulátory a simulácia

Skupinu spracovania a prezentácie prehľadových dát (DPP) tvoria predovšetkým systémy pre spracovanie radarových dát získaných rádiolokátormi. Zaraďujeme sem napríklad multiradarové systémy (napríklad ARTAS) a systémy pre prezentáciu dát konečnému užívateľovi (E2000, IDP, LETVIS). Tieto umožňujú interaktívny prístup k prezentovaným informáciám a taktiež integrovanú prezentáciu prehľadovej informácie (polohy lietadiel) a dát letového plánu. Rozhranie HMI týchto systémov obsahuje aj skupinu varovných funkcií, ktoré sa automaticky aktivujú vždy pri vzniku definovaných okolností v letovej prevádzke (zblíženie – konflikt lietadla s priestorom, prekážkou, alebo s iným lietadlom).

Skupina spracovania dát letového plánu (FDP) obsahuje systémy pre zber, spracovanie, uloženie, distribúciu a prezentáciu údajov letového plánu (napríklad ESUP) a to v elektronickej alebo papierovej forme. Tieto systémy poskytujú v reálnom čase údaje o lete a to s možnosťou vstupu ručných alebo automatických zmien. FDP systémy zahŕňajú aj prostriedky pre komunikáciu s centrálnou európskou databázou letov (IFPS) a centrálnou európskou jednotkou pre riadenie letových tokov (CFMU). Tieto systémy taktiež uskutočňujú automatickú výmenu koordinačných správ (OLDI) so susednými strediskami riadenia letovej prevádzky. Výstupné dáta FDP systémov sú používané taktiež pre štatistiku a ako ekonomické podklady pre spoplatnenie uskutočnených letov (Prúša a kol, 2008 s. 262) Tieto podklady slúžia taktiež na vyhodnotenie vyťaženosti jednotlivých letových trás a koridorov a následne na zefektívnenie toku leteckej dopravy v sieťach leteckej dopravy. V konečnom dôsledku majú sekundárny vplyv aj na ekonomickosť a priepustnosť sietí leteckej dopravy v globálnom meradle.

Skupina informačných systémov (INFO) zahŕňa systémy pre zber, ukladanie a prezentáciu leteckých a letových informácií s možnosťou ručnej alebo automatickej obnovy dát. Tieto systémy sa vyznačujú s grafickým užívateľským rozhraním, umožňujúcim bezproblémové pohodlné prečítanie danej informácie užívateľom. Tieto systémy sú schopné poskytnúť všetky relevantné informácie potrebné k činnosti riadiaceho letovej prevádzky, ako sú napríklad správy o poveternostnej situácii (OPMET), zobrazenie dát meteorologického radaru (METRAD), statické informácie o letiskách, letecké správy (NOTAM). Informačné systémy môžu vytvárať aj samostatný nezávislý záložný systém (BYPASS) a to napríklad zobrazovaním dát prehľadového rádiolokátora.

Systémy pre riadenie letovej prevádzky (všetky ATM systémy) majú svoju obdobu v simulačných systémoch. Simulácia sa používa pri zisťovaní toho, ako sa systémy správajú napríklad pri maximálnom prevádzkovom zaťažení, prípadne ako reagujú na niektoré úpravy. Tieto simulácie sa vykonávajú na technickej vývojovej platforme (DTC). Iným druhom simulačných systémov v riadení letovej prevádzky sú simulátory určené pre výcvik riadiacich letovej prevádzky. Tieto môžu byť buď jednoduché – na získanie základných návykov, alebo zložité (HIFI, SIMU, LETVIS SIM), ktoré dokonale napodobňujú vzhľad a správanie sa skutočnoho pracoviska riadenia letovej prevádzky. Takéto simulátory slúžia k celkovému výcviku riadiacich letovej prevádzky, k modelovaniu núdzových situácií, technických výpadkov a podobne.

4.3.1 Centrálny systém usporiadania toku – CFMU

Po roku 1989 nastal na Slovensku prudký nárast leteckej dopravy. Dosiahnutie požadovanej kapacity vzdušného priestoru, jeho efektívne usporiadanie a dostupnosť sa stali však stali predmetom celoeurópskych programov centralizácie riadenia toku letovej prevádzky (CFMU – jednotka ústredného riadenia leteckej dopravy) riadeného organizáciou EUROCONTROL, ktorej členom je aj Slovenská republika, zastupovaná podnikom LPS (Letové prevádzkové služby) SR, š.p..

Základnými systémovými jednotkami CFMU sú:

IFPS - systém pre spracovanie letových plánov

STRAT - systém strategických činností,

ENV - systém prostredia ATS

ARC - archivačný systém

TACT/CASA - systém taktických činností / počítačové prideľovanie slotov

Činnosť týchto základných jednotiek je podporovaná ďalšími subsystémami:

RLP - Subsystém RLP (Repetitive Flight Plan System)

IFPUV - Subsystém validácie IFPS (IFPS Validation System)

PREDICT - Subsystém predtaktickej fázy (Pre-Tactical System)

Uvedené jednotlivé systémy a subsystémy vzájomne úzko spolupracujú a počas procesu medzi nimi dochádza k neustálej výmene dát. Všetky systémy z dôvodu kompatibility, jednoznačnosti a kapacitnej náročnosti zdieľajú spoločné dáta. Na správnosť a kvalitu dát prichádzajúcich do systému sa kladie veľký dôraz, lebo syntaktický nesprávne dáta by mohli ľahko spôsobiť pád celého systému. (Fábry, 2009)

4.4 Bezpečnosť informačných systémov riadenia letovej prevádzky

Bezpečnosť v rámci riadenia letovej prevádzky je kľúčovým a primárnym prvkom celého procesu a celej leteckej dopravy. Táto doména zahŕňa tieto oblasti:

- fyzická a organizačná bezpečnosť
- dátová bezpečnosť
- vzájomná zálohovateľnosť systémov

Fyzická a organizačná bezpečnosť je väčšinou riešená formou bezpečnostných zón, kde sú systémy informačných technológií a pracoviská riadenia letovej prevádzky zaradené do najvyššej bezpečnostnej triedy. Do tejto triedy je vstup povolený len pre ľudí v rámci ich pracovného zaradenia a aj to až po dôkladnej kontrole tak vstupujúcich osôb, ako aj vnášaných predmetov. Vstup externých pracovníkov, napríklad návštev, podlieha ešte prísnejším bezpečnostným pravidlám.

Systémy riadenia letovej prevádzky (ATM systémy), sú prepojené v sieti, ktorá je však samostatnou dátovou sieťou. Táto sieť je fyzicky oddelená od ostatných dátových sietí. Zabezpečenie systémov riadenia letovej prevádzky je riešené systémom niekoľkých nezávislých firewallov, ktoré oddeľujú nielen dátové siete od iných sietí, ale aj jednotlivé siete riadenia letovej prevádzky medzi sebou. Na aplikačnej úrovni sa u niektorých vybraných systémov postupne zavádza autorizácia pomocou elektronického podpisu. Znamená to, že jednotlivé systémy (aplikácie) v rámci systému riadenia letovej prevádzky, sú dostupné len vymedzenému okruhu pracovníkov, prípadne jednotlivým pracovníkom a to len po autorizácii bezpečnostnými prvkami.

Súčasťou bezpečnosti systémov riadenia letovej prevádzky je ich zálohovateľnosť v prípade výpadku systému, prípadne niektorej jeho časti. Jedná sa o celý komplex systémových opatrení od napájania všetkých častí systému z dvoch nezávislých elektrických zdrojov (sietí), pripojenie každého počítača k dátovej sieti cez dva nezávislé switche až po vzájomnú zálohovateľnosť systémov medzi sebou. Kritické systémy (hlasová a rádiová komunikácia, zobrazenie radarovej informácie a dát letového plánu) sú zálohované tak, že v prípade výpadku primárneho systému má riadiaci letovej prevádzky k dispozícii záložný, väčšinou celkom nezávislý systém. Tento nezávislý systém poskytuje chýbajúce informácie po dobu výpadku primárneho systému. V niektorých prípadoch sa zavádza ešte tretí záložný systém, ktorý zabezpečuje ďalšiu zvýšenú dostupnosť kritických informácií v prípade komplexného výpadku primárneho a záložného systému.

5. Dostupnosť informácií a kompatibilita

Informácie v procese riadenia letovej prevádzky musia byť vždy dostupné prijímanej strane. Znamená to, že vstupné informácie v riadení, musia byť vždy aktuálne a k dispozícii v reálnom čase tak, aby ich riadiaci letovej prevádzky mohol použiť presne v okamihu, keď ich potrebuje. Dostupnosť informácií je teda v praxi priamo závislá od kompatibility všetkých používaných tchnológií – napríklad palubné dátové systémy musia byť kompatibilné s pozemným riadením aj v prípade, že lietadlo v danom vzdušnom priestore (v riadenej oblasti) nepochádza priamo z krajiny tohto vzdušného priestoru. Vysielanie resp. odovzdávanie informácie a jej následné prijímanie, musí prebehnúť nielen podľa zaužívaných predpísaných postupov, ale aj prostredníctvom plne kompatibilných systémov. V medzinárodnom meradle je samotné odovzdávanie informácií jedným z kritických procesov, kedy môže dôjsť k zámene informácií, prípadne k mylnej inerpretácii prijatej informácie. Takýto omyl má však priamy dopad na samotnú bezpečnosť leteckej dopravy. Z tohto dôvodu podliehajú všetky postupy systémy riadenia letovej prevádzky medzinárodnej štandardizácii v rámci organizácií ICAO a IATA, informačné systémy nevynímajúc.

V riadení letovej prevádzky sú všetky informácie potrebné, nakoľko ich včasný prístup má zásadná vplyv na bezpečnosť letovej prevádzky ako takej. Medzi základné informácie patria tak letový plán, ako aj meteorologické informácie, radarové informácie, informácie o stave a vyťaženosti letísk a podobne. Dostupnosť všetkých týchto informácií pre personál riadenia letovej prevádzky je preto nevyhnutná.

6. Záver

Riadenie letovej prevádzky je jednou z najdôležitejších článkov letectva, tak civilného, ako aj vojenského. Informačné systémy, ich nepretržitá bezchybná činnosť a dostupnosť, majú zásadný vplyv na leteckú prevádzku, na jej bezpečnosť, ale aj na jej ekonomickosť. Samotné informačné systémy pomáhajú usmerňovať toky letovej prevádzky, umožňujú ekonomické využitie vzdušného priestoru a v konečnom dôsledku bezpečné rozloženie leteckej dopravy. Základný nepísaný zákon riadenia letovej prevádzky – „lietadlo hore môže, ale dole musí" – dokonale popisuje celý proces riadenia letovej prevádzky a jeho závislosť na informáciách, ktoré majú zásadný vplyv na bezpečnosť lietania ako takého.

7. Použitá literatúra

[1] Prúša, J. a kol.; Svet leteckej dopravy, Galileo CEE Service ČR s.r.o., ISBN 9788080739386; 2008

[2] AFTN User Manual; Flight ATM Systems Ltd. United Kingdom; Rev. 10/2009, UK Registration Number 562 5816; 2009

[3] Užívateľský manuál – AFTN terminál; ver.: 2.0; IM-AFTN-01/2000; 2000

[4] Fábry, Ľ.; Systémy zabezpečenia riadenia letectva – Systémová štruktúra CFMU – prednáška; Letecká fakulta Technickej univerzity v Košiciach, 2014

[5] L 4444 Postupy leteckých navigačných služieb; Manažment letovej prevádzky, LIS LPS SR, Bratislava, 2002

[6] Kulčák, L. a kol.: Air Traffic Management; 1. vyd.; Odborná monografie; Akademické nakladatelství CERM, 2002, 314 s., ISBN 80–7204–229–7

[7] Žihla, Z.: Technologie a řízení letecké dopravy, ES Univerzity Pardubice, 2000, ISBN 80-7194-291-X

YOUR KNOWLEDGE HAS VALUE

- We will publish your bachelor's and
  master's thesis, essays and papers

- Your own eBook and book -
  sold worldwide in all relevant shops

- Earn money with each sale

Upload your text at www.GRIN.com
and publish for free